花火ハンドブック

冴木一馬 著

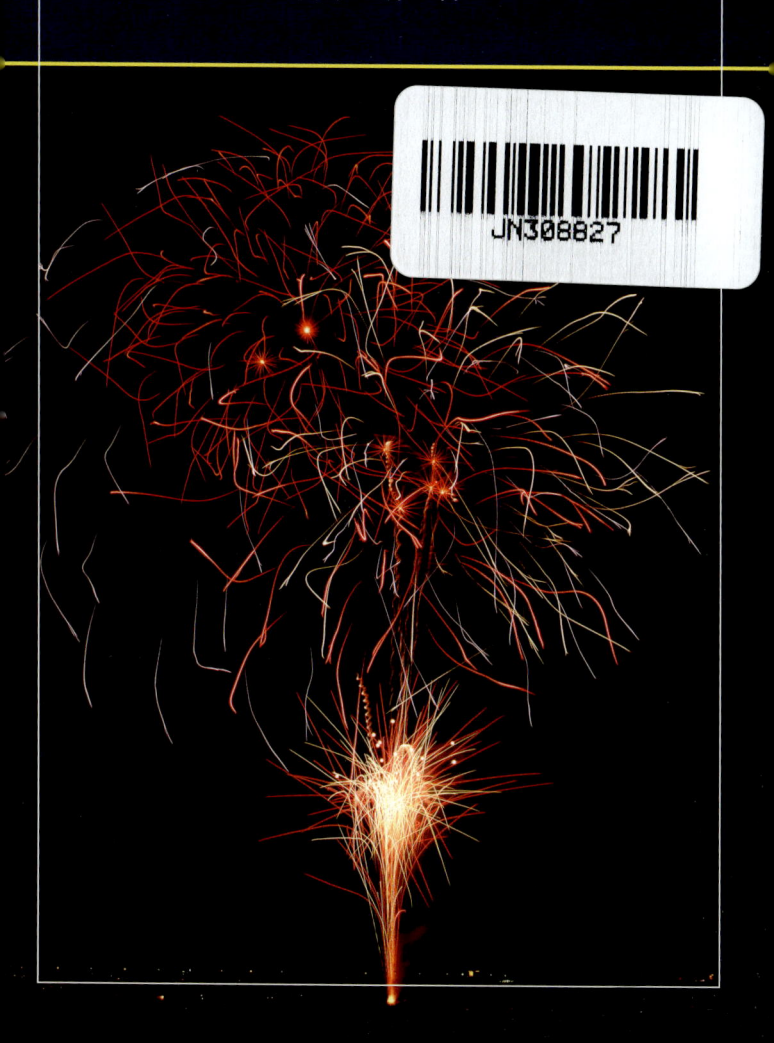

花火のつくり

　打ち上げ花火の玉は、「玉皮」という厚紙でできた球のなかに、光を放つ「星」と呼ばれる火薬の粒と、玉を破裂させるための「割薬」と呼ばれる火薬を詰めたものです。星は、花火の主要な部品と考えればよいでしょう。

　どのような花火になるかは、星の種類や詰め方（配列）によって決まります。基本は、玉皮に沿うように均等に詰めます。玉には導火線がついていて、玉の中央部の火薬（割薬）を引火させ、爆発を起こします。すると、さらにその周りにある星が引火しながら吹き飛ばされるので、花が開いたように見えるというわけです。ですから、花火は、下からだけでなく上空から見ても同じ形に見えます。

　「星」はふつう、芯になるものの上に何層もの火薬を重ねてつくります。このようにしてつくられた星は球形なので、「丸星」と呼ばれます。このほか、火薬を糊でかためた錠剤型の「打ち星」も使われます。打ち星は丸星よりも太い線を描きます。外国製の花火では、一種類の火薬を型押しして成型した「プレス星」を使用しています。これは一度に大量の星を作れるという利点があり、打ち星よりさらに太い線を描きますが、色の変化などきめの細かい表現はできません。パイプ状の厚紙の中に火薬を詰めた「パイプ星」は、動きを出すときなどに用いられます。

　花火のさまざまな色は、基本の火薬に微量の金属を混ぜ、炎色反応を利用して作られています。星を作るとき、異なる色を示す火薬を重ねれば、開いたあとに光の色が変わる星（変化星）になります。火薬の調合によって、キラキラとした細かい光の粒が残る「細波」などの表現も工夫されています。

●花火の各部の名称

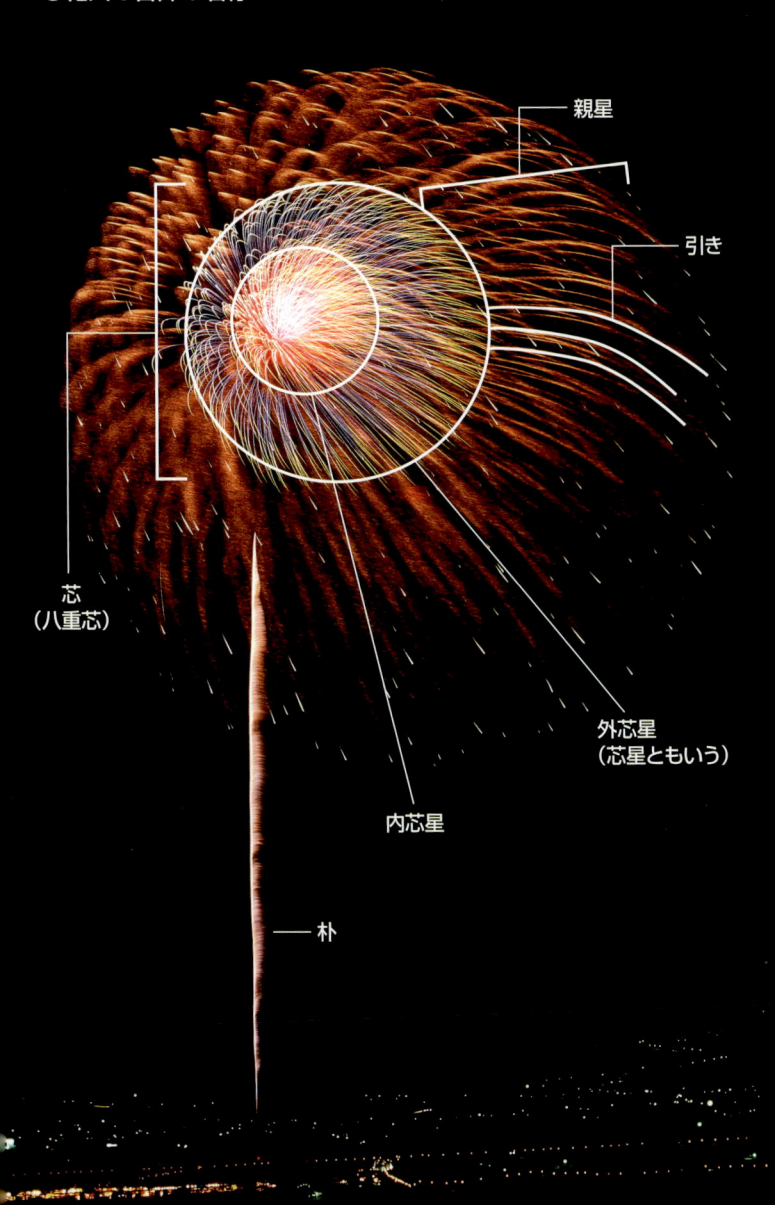

- 親星
- 引き
- 芯（八重芯）
- 外芯星（芯星ともいう）
- 内芯星
- 朴

昔の花火

　室町時代に当たる天文12（1543）年に種子島に鉄砲が伝来し，日本でも火薬という存在が知られるようになって花火が生まれたと伝えられています。

　初期の花火は「和火（わび）」と呼ばれるもので，炭と硫黄（いおう）と硝石（しょうせき）だけを合わせてつくられたものでした。当時の花火の色（炎色）は飴色（あめ）で，非常に暗いものだったと考えられます。しかし，現在のようにネオンなどもなかった昔の人々は灯かり（火）にとても敏感で，暗い炎でもよく見えたのでしょう。江戸期の花火は今日でも各地に伝統花火として伝えられています。

初期の花火である和火。飴色で，現代の花火に比べると暗い。

江戸時代の花火を今も伝えている（愛知県・菟足神社の「風まつり」）

虎の尾（とらのお）という形の花火。大きな火薬の粒子を空中に舞い上がらせるもの。江戸時代の花火は，この虎の尾が主流だった。写真の花火では現代の火薬が使用されている。

花火の種類

　一口に打ち上げ花火と言いますが，実はその構造から，「割物」，「ポカ物」，「半割物」，「型物」(68 ページ参照)の大きく４つに分けられます。そして，この４種類それぞれにさまざまなバラエティがあります。

◆割物

　日本伝統の，丸く開く花火です。玉の中に詰められている「星」と呼ばれる火薬を割薬によって放射状に勢いよく飛ばします。
　割物の代表が「菊」や「牡丹」，「椰子」です。

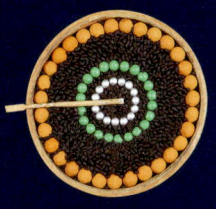

割物の断面。いちばん外側の黄色い玉(星)が親星に，中央の緑色と白の玉が二重の芯(八重芯)になる。黒い部分は割薬

菊

　親星(花で言えば花弁に当たる星)が茶色の尾(炭火の色)を引きながら発色するもの。この茶色の尾を「引き」といいます。
　中央部に色の違う部分がある場合は，その部分を「芯」と呼びます。

基本の菊(引緑菊)

特殊な菊（顕露菊）
親星に夜空で見えにくい素材を使用
し，引きをもたせず，突然光があらわ
れるような演出をしたもの。

満星・牡丹
まんぼし・ぼたん

　親星に引きがなく，中心から色が着くもの。菊は芯があってもなくても菊と呼びますが，牡丹の場合は必ず芯が入ります。芯のないものは満星といいます。

満星　引きがなく，中央部から色がつくのが牡丹。この花火は芯がないので満星と言う。

椰子(やし)

　チタンに他の金属を組み合わせた合金を利用した割物。昭和46(1971)年に開発されたばかりの新しい花火。太い打ち星を八方に飛ばし，ヤシの葉のような太く長い光を描きます。

椰子

特殊な椰子(ヤシ菊)
椰子に用いる打ち星を使い，菊を表現。通常の椰子よりやや小さめの星を数多く使用している

特殊な椰子(バリ椰子)
バリバリッと大きな音を立てて開く

◆ポカ物

　花火玉の中にある部品を上空で放出するだけの玉。割薬も少なく，ドーンという大きな音もしませんが，面白い花火がたくさんあります。今後も新たな可能性がどんどん広がる花火です。

ポカ物の断面

蜂（はち）

　シュルシュルシュルシュルッと音を発しながら飛び回ります。紙筒に火薬を仕込んだ星を使用します。

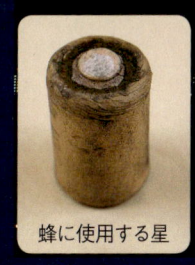

蜂に使用する星

蜂を使用した花火

柳 (やなぎ)

　星がだらりと垂れて，しだれ柳の枝のように見えるものです。丸星を少量の割薬で放出するとこのような表現が可能になります。

連星 (れんせい)

　落下傘にパイプ星などを吊り下げて浮遊させるものです。近年はなかなか見ることができませんが，さまざまな種類のものがあります。

柳

連星

飛遊星
(ひゆうせい)

　玉から放出された直後だけ複雑な弧を描き，その後は安定して直線的な光を描くもの。パイプ星で，片方の口からだけ火を噴射するように工夫するとこのような動きを表現できます。

飛遊星

葉落
(ようらく)

　火薬が塗ってある3センチ四方の紙の部品。燃えながらヒラヒラと落ちていきます。

葉落の部品。左側の黒い部分に着火剤が塗られている。

葉落

◆ 半割物

　割物とポカ物の中間的な要素を持った花火。中に詰め込む部品しだいで多くの変化を遂げる花火を作れる可能性があります。

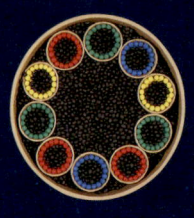

半割物の詰め方

千輪

　一つの花火玉に複数の小玉を込めたもの。打ち上げると小花が多数開きます。従来は割物の菊や牡丹の小玉を入れることが多かったのですが，最近では「分包」などさまざまな部品が使われるようになっています。

千輪

雷 (らい)

　元々は、合図に使用される大きな音を発する花火。遠足や運動会開催の合図として、耳にする機会も多いでしょう。合図に使用する場合は、一段雷、二段雷、三段雷、四段雷、五段雷など地域によって数が異なります。夜の雷では、ドドドドドンと雷のような音とともに金色の閃光が放たれる「花雷(はならい)」が一般的です。

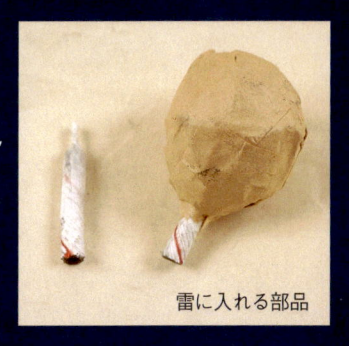

雷に入れる部品

昼の雷

花雷
雷のなかで最も明るく，音も非常に大きい。一つの玉の中にたくさんの雷球を詰め込んであり，連続でドドドンと音を発しながら光る。一発でも相当の明るさで地上を照らす

尖光万雷（せんこうばんらい）
稲妻のように瞬間的な光を連続して放つ

未来花
みらいばな

　10粒ほどの星を和紙に包んで仕込んだ花火。菊や牡丹などの割物の星を間引いたような形に開きます。紅や緑などの単色のものは「ポインセチア」，複数の色で構成されたものは「未来花」，これに大きな芯が加わったものを「万華鏡」と呼びます。

未来花

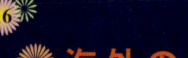

🎆 海外の花火

　日本にも，世界各地から花火が輸入されています。それらの代表的なものを紹介しましょう。

妖精(中国)。直径3cmくらいの銅線状の部品。空中で光りながらウニュウニュと動く。写真のような金色に発色するもののほか，紅や緑，銀色のものもある。日本の花火師さんの間では「メダカ」とも呼ばれている。

クロセット(イタリア)
星の最後(先端)部分が鳥の足先のように3～5つに枝分かれする。写真のほか，緑や銀，水色，レモンイエローなどの色がある。

スピン(イタリア)
金や銀の円盤状の光が，中心から放射状に広がる。「蜂」が直線的に飛んだような花火。

かすみ草(中国)
真綿のようなふわっとした光がザーッという音とともにあらわれる。

ジランドラス(スペイン)

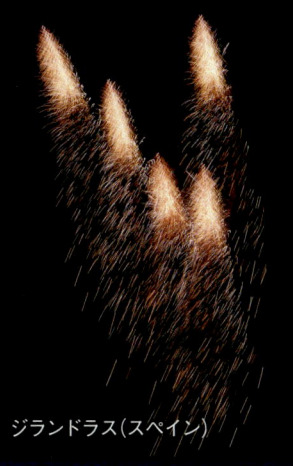

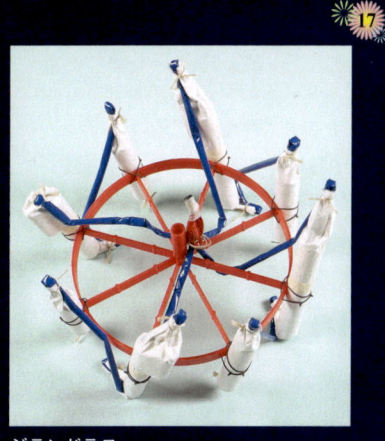

ジランドラス

コメット(アメリカ)。白く太い光がだらりと垂れ下がる。写真の白い部分がコメットによるもの。コメットとジランドラスは完成品として輸入されている

昼花火

　名前のとおり，昼に上げられる花火。最も一般的なのは，運動会などの催し物の開催連絡用。袋物を入れて観客を喜ばせたり，色のついた煙を出したりするものもあります。
　夜の打ち上げ花火と同様の名前をつけることがあります。

最近では珍しい，「連旗」。パラシュートに国旗を吊ったもの。

万雷入彩煙菊
ばんらいいりさいえんぎく

色とりどりの煙で菊を表現する。ドドドドンという雷が入る

八重芯 黒煙菊
やえしん こくえんぎく

二重の芯があり、親星は黒い煙で表現されている

昇竜付彩煙柳雷鳴
のぼりりゅうつきさいえんりゅうらいめい

上昇しながら銀色の光の尾を引き(写真では見えない)、色とりどりの煙で花を開く。ピカッと光る雷が仕込まれている

赤と黄の煙を出す昼花火

昇木葉付黒菊
(のぼり き ば づき くろ ぎく)

上昇しながら両サイドに草の葉のような筋を描き（写真では見えていない），黒い煙で菊を表現した

花火の名前を読み解いてみよう

　打ち上げ花火は，これまでに紹介したような構造や部品を組み合わせてつくられています。品評会のプログラムなどに掲載される花火の名前（玉名）には，その組み合わせが表現されています。
　次のような名前があったとしましょう。
昇曲導付八重芯変化菊
「のぼりきょくどうつきやえしんへんかぎく」と読みます。どのような花火だと思いますか？　これは，「尾を引きながら上昇し，二重の芯をもつ菊（「引き」がある）で，親星に色の変化がある花火」を示しています。

◆尾の形

　名前の最初の部分は，玉が筒から発射されて上空で破裂（「開発」と言います）するまでのようすをあらわしています。「昇曲導付」というのは，上空に上がっていく間尾を引いている，という意味です。「昇銀竜」「昇朴付」なども，尾を引くことを示します。「朴」には「まっすぐに伸びる」という意味があります。「昇」などを略して，「曲導付」「曲付」「朴付」「銀竜」と言うこともあります。

　尾の色を詳しく示す名前もあります。銀色の太い尾を引きながら上昇していくものを「昇銀竜」や「昇朴付」，紅色の尾ならば「昇紅竜」といった具合です。銀や紅色のほか，金色や緑などさまざまな色の尾があります。

　「曲導」にはさまざまな種類があり，出る星の形によって「小花付」，「木葉付」，「電光付」などの名前がつけられています。近年では，「クロセット」，「小花十葉落」，これらが複数ついたもの，など凝った作品もつくられています。ピィーッと音を発しながら上昇する「笛付」などもあります。

いろいろな尾

昇銀竜

昇紅竜
尾が紅色

朴の部品

金色の尾

小花付
尾の途中小さな
花が開く

小花

分火付
尾の左右に細い光を放つ

クロセット

電光付
稲妻のような明るい
光が出る

複数を組み合わせた作品

曲導用笛。上昇するときに
ピーッという音を発する部品

飛雄星を曲導に
用いた作品

曲導にクロセットを
使用した作品

◆芯の形

　玉名の中間は，開いたときの芯に当たる構造や色の変化，種類をあらわします。「八重芯」は芯が二重になっているもの。一重の場合は「芯入り」と言います。芯の色が変わる場合は「変芯」としたり，変化する色の順番をそのまま示して「青紅芯」などの名前になります。「変芯」はふつう，一重の芯で色が変化するものを指します。芯が三重になっているものは「三重芯」，四重のものは「四重芯」，五重のものは「五重芯」と呼ばれます。現在では五重芯のものまで作られていますが，あまりにも変化が速いので，相当目の肥えた人でないと，どのように変わっているのかはわからないでしょう。私たちがきれいだと感じるのは，八重芯までではないでしょうか。

　環の数だけでなく，芯に使用する星の種類によって「細波芯」，「椰子芯」などいろいろな呼び方になります。

八重芯
芯の部分が銀と紅の二重になっている

**細波芯
(さざなみしん)**
細かい粒状の光を
あらわす

三重芯
内側から銀, 紅,
青の三重

四重芯
芯は内側から，銀，紅，黄紫，紅の四重

ミックス芯
色の違う数種類の星を用いる。「彩芯（さいしん）」とも言う

椰子芯（やししん）
芯に椰子で用いる打ち星を使ったもの。金色や銀色がある

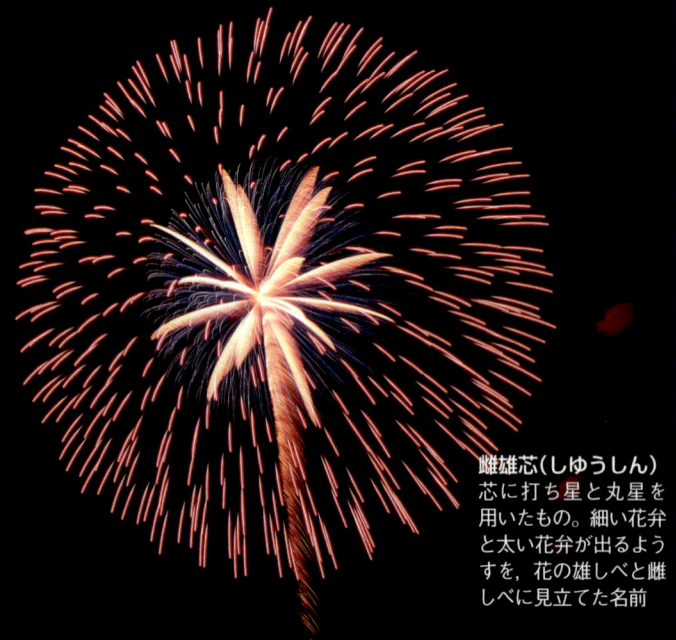

未来花芯
(みらいばなしん)
芯に，未来花のような
一握りずつの星を集
めたものを使用する

雌雄芯(しゆうしん)
芯に打ち星と丸星を
用いたもの。細い花弁
と太い花弁が出るよう
すを，花の雄しべと雌
しべに見立てた名前

大葉入（おおばいり）
雌雄芯よりもさらに大きな打ち星を用いる。
芯が親星の外側まで広がる

**大雄芯
（だいゆうしん）**
太い芯が親星と同
じくらいまで広がる

芯月入(しんつきいり)
芯に吊り星(パラシュートにパイプ星を吊ったもの)を入れたもの。開いたあとも,星が空中を漂っている

覆輪入（ふくりんいり）
八重芯以上のもので，芯の一つに太い打ち星を利用したもの。芯に強弱ができる

小花芯（こばなしん）
芯の部分が小花の千輪になっている

◆親星の形

玉名の最後尾は,親星(おやぼし)の形や変化,種類を示しています。「変化菊」は,星の色が変化する「菊」,という意味です。

光露(こうろ)
親星の最後の部分(花びらの先端に当たる部分)がピカッと光る

降雪(こうせつ)
親星の最後の部分が鳥の羽か綿雪のように変化する

群声（ぐんせい）
花火が消える直前に
ザザーッという音を
発する

**かすみ草
（かすみそう）**
親星が消えたあと，
フワッとした金色の
綿毛が残る

先割(さきわれ)

ヒ素の硫化鉱物である鶏冠石(けいかんせき)を使用した花火。パリパリッという音を発し,赤い火花を出す。非常に危険なため作られることは少なく,現在では特定の地域でしか見られなくなっている

点滅(てんめつ)
ピカッピカッと点滅しながら広がる。マグナリウムという合金を利用した，最近流行の花火。白だけでなく，紅や緑なども開発されている

◆後の曲

　親星が消え，いったん花火が終わったように見えたあとにあらわれる効果のことを「後の曲」と言います。

残輪（ざんりん）
花火が消えたあとに，大きな輪星（わぼし）があらわれる

小割の部品

小割浮模様（こわりうきもよう）
花火が消えたあと，複数の小さい花（小割）があらわれる

❁ 割物――菊のバリエーション

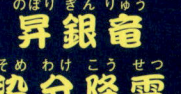

昇銀竜（のぼりぎんりゅう）
染分降雪（そめわけこうせつ）

銀色の尾があり（昇銀竜），親星は引きがあって（菊），2色に分かれ（染分），先端は綿雪のように変化する（降雪）

昇曲導付（のぼりきょくどうつき）
紅変化菊（べにへんかぎく）

尾があり（昇曲導付），親星は引きがあって（菊），紅色から他の色（ここでは青）に変化する（紅変化）

昇分包付芯入彩星菊
（のぼりぶんぽうつきしんいりさいせいぎく）

上昇しながら分包を出し（昇分包付），芯があり（芯入），親星は多色で引きがある（彩星菊）

昇曲付八重芯外輪錦冠菊
（のぼりきょくつきやえしんがいりんにしきかむろぎく）

上昇しながら花雷，木葉，銀竜，四方に星が飛ぶ分火をあらわし，芯は二重（八重芯）で親星の外に飛び出す長い光を引き（外輪），親星は引きがあり錦色（暗い金色）で垂れ下がる（錦冠菊）

クロセット菊

イタリア製のクロセットに引きをつけて菊を表現したもの

大葉入変化菊

芯は太い線で親星の外側まで広がり（大葉），親星は引きがあり（菊）色が変化する（変化）。この作品では，親星は黄→紅と変化

昇木葉付変化顕露菊
のぼり き ば つき へん か けん ろ ぎく

上昇しながら草の葉のような光を左右に帯び（昇木葉付），親星は引きがなく（顕露菊），ピンクから緑に変化する（変化）。木葉にも青からピンクなどに変化する，非常に手のこんだ花火

昇曲導付紅心錦冠菊
のぼり きょく どう つき べに しん にしき かむろ ぎく

銀色の尾を引きながら上昇（昇曲導付），紅色の芯（紅芯），親星は引きがあり（菊）錦色で垂れ下がる（錦冠）。名前には示されていないが，親星の最後は金色に輝く粒状に変化している（細波）

昇竜八重芯
青菊降雪

銀色の尾を引きながら上昇し(昇竜)、芯はピンクと金の二重(八重芯)、親星は引きから青色を発光して(青菊)、真っ白い雪のように変化する(降雪)

昇曲導付
三重芯錦冠
菊先金波

金色の尾を引きながら上昇し(昇曲導付)、白・黄・金の3段の芯をもち(三重芯)、親星は引きがあり(菊)、錦色で垂れ下がり(錦冠)、最後は金色の粒状に変化する(金波)。

昇竜緑芯
変化菊
先霞草

銀色の尾を引きながら上昇し（銀竜），芯は一重で緑色（緑芯），親星は引きがありピンクから緑に変化（変化菊），最後に金色のかすみ草があらわれる（先霞草）

昇小花付
三重芯
変化菊

小さな変化星を使った花を咲かせながら上昇し（昇小花付），白，緑，紅から白に変化する芯の三重の芯をもち（三重芯），青から白に変化する親星で構成されている

昇小花付
白菊小割
浮模様

上昇しながら数色の小花を出し（昇小花付），親星は引きがあり白（白菊），消えたあとに赤い小花が浮き出るようにあらわれる（小割浮模様）

昇曲導付
芯入金波
漣菊

太い銀色の尾を引きながら上昇し（昇曲導付），芯は一重で黄色（芯入），親星は金色の真綿のような引き（金波，菊）から細かい粒状に変化する（漣）

昇曲導付八重芯変化菊
のぼりきょくどうつき やえしん へんかぎく

かすみ草を咲かせながら上昇し（曲導付），芯は銀と緑の二重（八重芯），親星は引きがあり紅から緑に変化（変化菊）

昇銀竜変芯変化菊
のぼりぎんりゅうへんしんへんかぎく

銀色の尾を引きながら上昇し（昇銀竜），芯は紅から紫の点滅に変化（変芯），親星は引きがあり青から白，紫へと3段階に変化する（変化菊）

昇竜
八重芯
細波菊
(のぼりりゅう)
(やえしん)
(さざなみぎく)

銀色の太い尾を引きながら上昇し，芯は紅・緑の混色と大きめの青の二重(八重芯)，親星は引きがあり金色の細波状(細波菊)

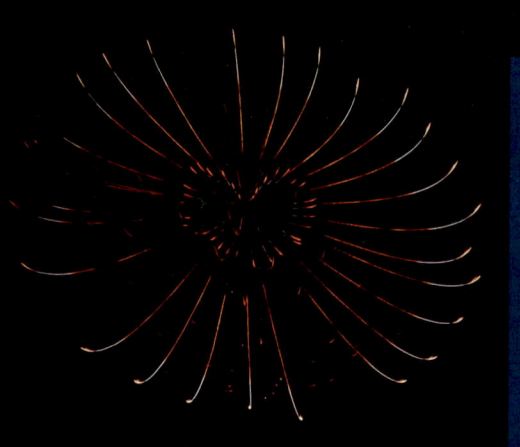

ハート芯
変化菊
(はーとしん)
(へんかぎく)

青から紅に変わるハート型の芯をもち，親星は引きがあり，金から青，白と変化する(変化菊)

🎆 割物──牡丹のバリエーション

青牡丹(あおぼたん)

青一色の牡丹。親星に引きがなく,中央から色が出る点で菊と異なる。この作品には芯がないので,「青満星」ともいう

細波牡丹(さざなみぼたん)

金色の細かい粒状の星(細波)が中央から広がる(牡丹)

昇金竜付椰子芯入紅牡丹
のぼりきんりゅうつきやししんいりべにぼたん

金色の尾を引きな
がら上昇し、芯は
金色の椰子、親星
は紅色で中央から
広がる（紅牡丹）

変化牡丹
へんかぼたん

青から白に変化する
牡丹

四重芯
点滅牡丹

紅，緑，白の点滅，青の四重の芯をもち（四重芯），親星は白の点滅（点滅牡丹）

変化牡丹小割
浮模様

親星の色が紅から黄に変わり（変化牡丹），消えたあとに青の小花が浮き上がる（小割浮模様）

昇銀竜
八重芯
青紅先点滅
のぼりぎんりゅう
やえしん
あおべにさきてんめつ

上昇しながら銀色の尾を引き(銀竜)、芯は紅色と点滅の二重(八重芯)、親星は青から紫、紅色の点滅に変化

昇小花付
金波先変化
のぼりこばなつき
きんばさきへんか

上昇しながら小花を出し(昇小花付)、芯は緑色、親星は金色の羽毛のような光(金波)から緑、青、赤と3段階に変化する。「牡丹」という文字は入っていないが、中央から色が出ている牡丹の一種

昇曲導付変芯細波先点滅

金色の尾を引きながら上昇し(昇曲導付)、芯は緑からピンクに変化、親星は金色の粒状の細波から点滅に変わる(細波先点滅)

昇小花付紅芯金波変化菊
<small>のぼり こ ばな つき べに しん きん ば へん か ぎく</small>

黄色の小花を開きながら上昇し，紅色の芯があり，親星は引きがあり金色に輝く金波から青・黄へと変化する

昇曲導付芯入錦先方向変化
<small>のぼり きょく どう つき しん いり にしき さき ほう こう へん か</small>

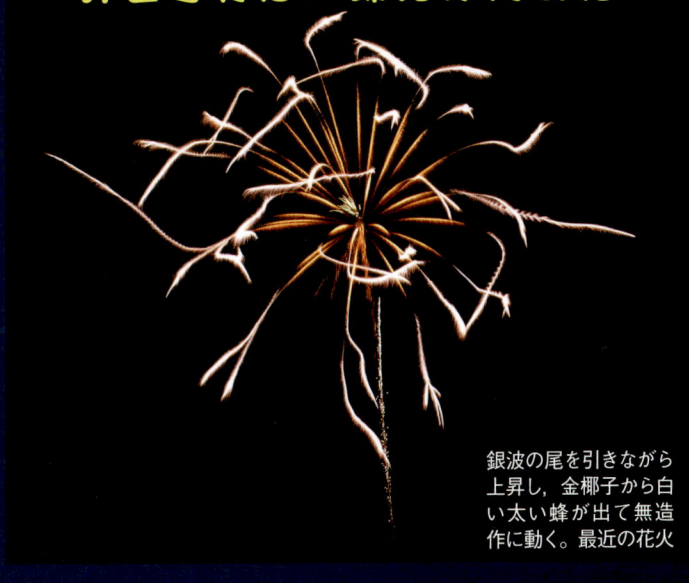

銀波の尾を引きながら上昇し，金椰子から白い太い蜂が出て無造作に動く。最近の花火

半割物──千輪のバリエーション

昇朴付 (のぼりぼくつき)
吊光千輪 (ちょうこうせんりん)

錦色の尾を引きながら上昇し(昇朴付),開くと複数のパラシュートが紅色の星を吊る(吊光)

昇曲導付 (のぼりきょくどうつき)
千輪 (せんりん)

錦色の尾を引きながら上昇し(昇曲導),金色の小花をたくさん出す

緑千輪紅サクランボ

緑色の小さな小花に少し火足の長い紅色の星を組み合わせ，サクランボを表現

千輪サクランボ

ピンクの小割の中に金波から白に変化する星を入れ，サクランボをイメージ

昇曲導付輪星千輪
のぼりきょくどうつき　わぼしせんりん

錦色の尾を引いて上昇し（昇曲導付），紅，青，黄の丸い輪を多数開く

青千輪紅サクランボ
あおせんりんべにさくらんぼ

青の小さな小花に少し火足の長い紅色の星を組み合わせ，サクランボを表現

霞草芯混色千輪
かすみそうしんこんしょくせんりん

中国製のかすみ草を芯に，一つの小花にいろいろな色が混ざる，普通とは異なる千輪

クロセット芯白菊千輪
くろせっとしんしらぎくせんりん

芯に黄と紅のクロセットを用い，菊の白い小花を多数開く

昇曲導付 椰子芯入 花雷千輪
のぼりきょくどうつき やししんいり はならいせんりん

錦色の尾を引きながら上昇し，紅色の椰子菊の芯から大きな音とともに多数の花雷が開く

昇朴付芯入 混色千輪
のぼりぼくつきしんいり こんしょくせんりん

銀色の尾を引きながら上昇し，芯は紅と黄の2色の菊，青と黄の小花を多数開く

昇曲導付クロセット芯入菊千輪
のぼりきょく どう つき く ろ せっ と しん いり きく せん りん

銀色の尾を引きながら上昇し，芯は白色のクロセット，青と紅の小さな菊を多数開く

クロセット芯入り混色輪星千輪
く ろ せっ と しん いり こんしょく わ ぼし せん りん

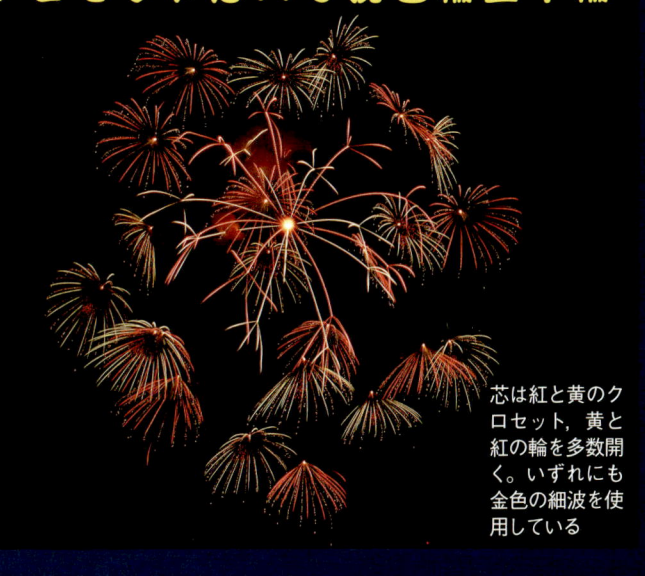

芯は紅と黄のクロセット，黄と紅の輪を多数開く。いずれにも金色の細波を使用している

昇曲導付
二度咲
分包千輪
のぼりきょくどうつき にどざき ぶんぼうせんりん

錦色の尾を引きながら上昇し，紅色の小花と金波から青に変化する分包を組み合わせている

分包の部品

昇曲導付八重
芯混色千輪
のぼりきょくどうつきやえ しんこんしょくせんりん

錦色の尾を引きながら上昇し，芯は白と黄の二重，ピンクと青の2色の小花を多数開く

昇朴付 椰子芯入 紅千輪

銀色の尾を引きながら上昇し，芯は椰子，紅色の小花を多数開く

昇銀竜 芯入引先 クロセット

銀色の太い尾を引きながら上昇し，芯（紅色の牡丹先かすみ草）があり，菊の引きから黄色のクロセットに変化する

昇銀竜
椰子千輪
のぼりぎんりゅう
やしせんりん

銀色の太い尾を引きながら上昇し，金色の椰子菊を複数開く

霞草芯
分包千輪
かすみそうしん
ぶんぽうせんりん

芯にかすみ草を用い，開くと青，黄，紫の分包が飛び出す

昇曲導付吊光千輪
<small>のぼりきょくどうつきちょうこうせんりん</small>

金色の尾を引きながら上昇し，紅色の吊り星，白と緑の混色の小花を多数開く

昇小花付彩色千輪
<small>のぼりこばなつきさいしきせんりん</small>

小花を開きながら上昇し，上空でさらに青，緑，黄，紅の4色の小花を開く

二度咲き千輪

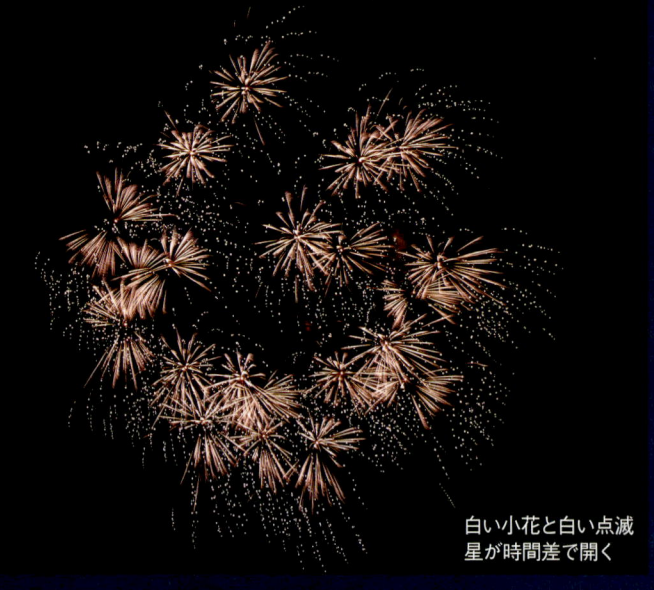

白い小花と白い点滅星が時間差で開く

昇曲付椰子菊芯入吊光千輪

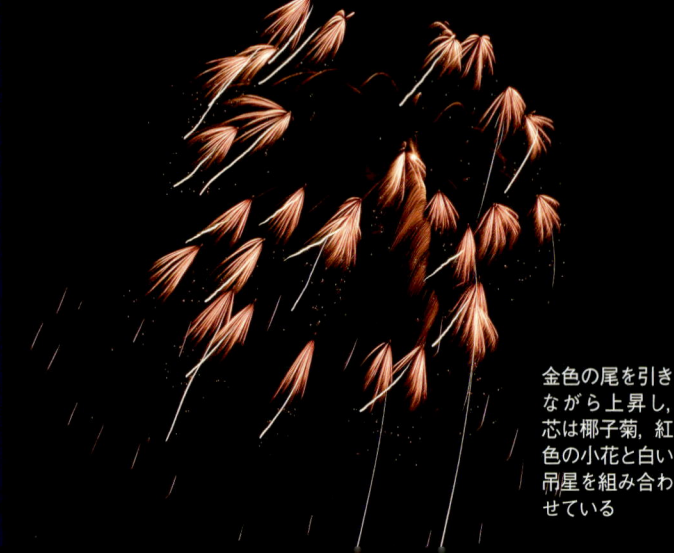

金色の尾を引きながら上昇し，芯は椰子菊，紅色の小花と白い吊星を組み合わせている

紅クロセット芯二度咲千輪
<ruby>紅<rt>べに</rt></ruby><ruby>ク<rt>く</rt></ruby><ruby>ロ<rt>ろ</rt></ruby><ruby>セ<rt>せ</rt></ruby><ruby>ッ<rt></rt></ruby><ruby>ト<rt>と</rt></ruby><ruby>芯<rt>しん</rt></ruby><ruby>二<rt>に</rt></ruby><ruby>度<rt>ど</rt></ruby><ruby>咲<rt>ざき</rt></ruby><ruby>千<rt>せん</rt></ruby><ruby>輪<rt>りん</rt></ruby>

芯は紅色のクロセット，緑と金の細波の小花を時間差で咲かせる

昇曲導付紅降曲
のぼりきょくどうつきべにこうきょく

金色の尾を引きながら上昇し，太く長い金色の星が一筋入った紅色の小花を多数開く

🎆 型物

◆型物
　具体的な形を表現するもので，その多くは平面的なものでハートやニコニコマーク，キャラクターなど数多くのものが作り出されています。近年は土星やサイコロなど三次元を表現する「立体型物」も作られ，新たな挑戦が始まっています。

型物の詰め方。開くと魚の形になる

魚の形をあらわす型物

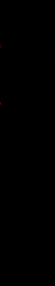

マークン

ひよこ

ドラネコ

ねこ

ブタ　　　　　　　ムシキング

かたつむり

クラゲ

70 白鳥

ニコニコマーク

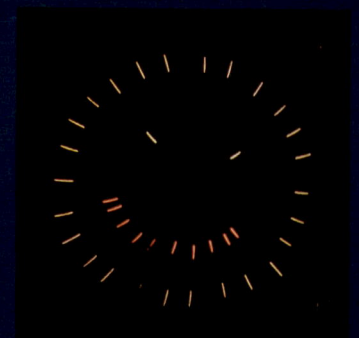

ねずみ

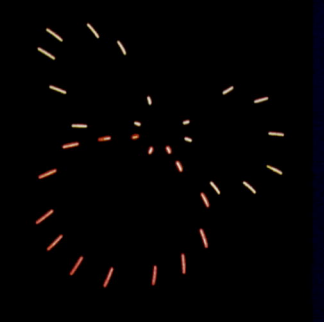

タマちゃん

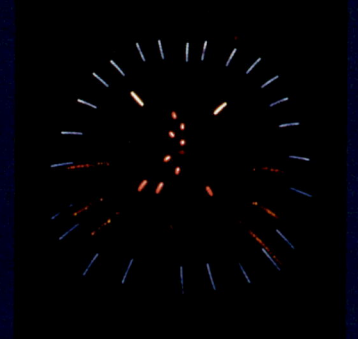

エビ

リボン

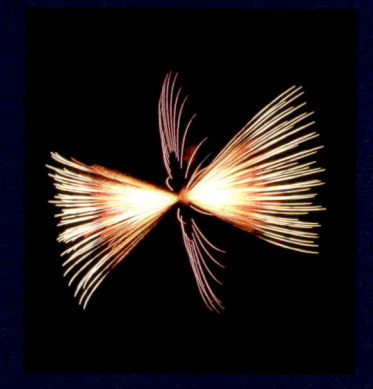

エンゲイジリング

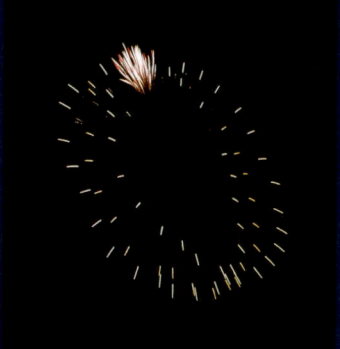

ハート

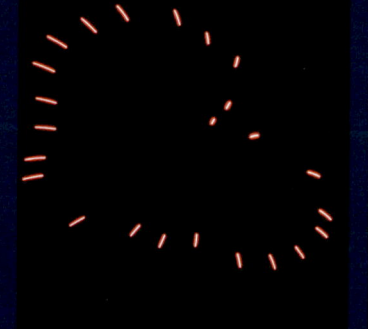

土星

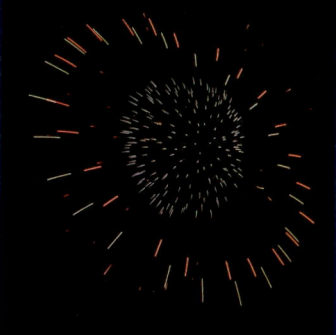

キノコ

スター（星）　　　　　　サングラス

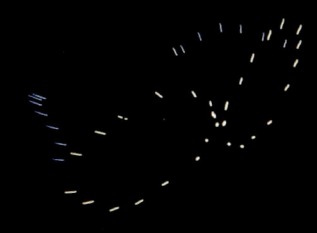

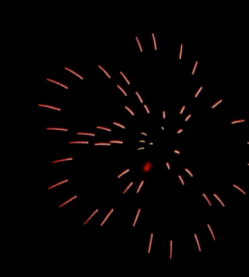

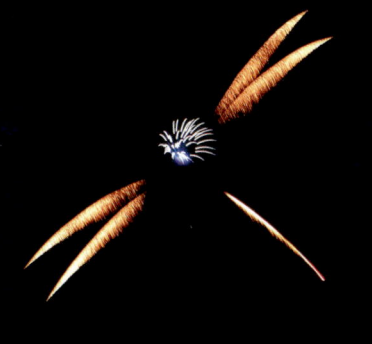

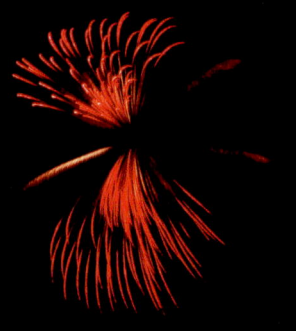

ダンゴ三兄弟　　　　　　さくら

トンボ　　　　　　　　　ちょう

ひまわり

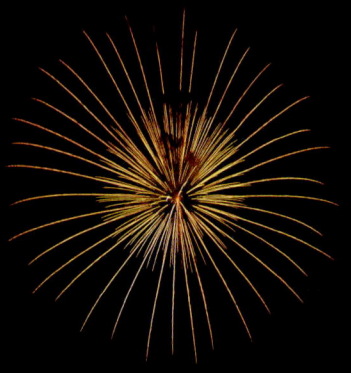

洋なし

ドーナッツ

かざぐるま

芯入三重円

アンブレラ

◉ いろいろな花火

◆ストロボ

　銀色の強い光を放つ星が，丸型に泳ぐように動く花火。一つの玉に10粒ほどの星が仕込まれています。

◆仕掛け花火

　木で枠をつくり，文字や絵などの形にランスを取り付けたもの。絵柄のものは「枠仕掛け」，文字を書くものは「文字仕掛け」などと呼びます。

　写真の作品は子どもに人気のあるキャラクターを描いたものですが，一般の枠仕掛けより少し凝っていて，電気仕掛けで花火がブルブルと動くようになっています。

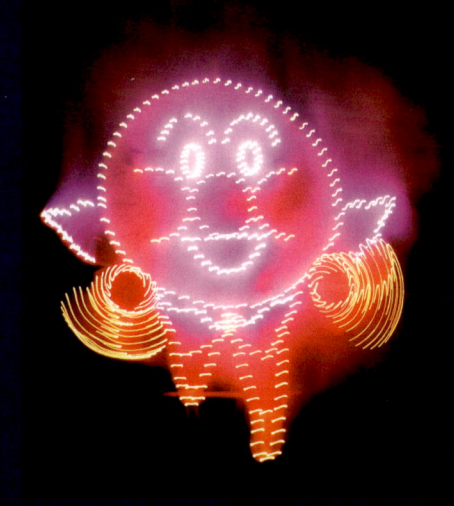

◆水中花火

　割物の菊や牡丹を水上で破裂させるもの。水の中で花火をするわけではありません。ボートに三人ひと組で乗り込み，導火線に火をつけた花火を水に投げ込み，破裂するまでに安全な場所まで移動するという「投げ込み」という方法が一般的です。こうして次々に花火を水に投げ込んでいくのです。花火の導火線は一般の打ち上げ花火より長くなっていて，移動する時間の余裕をとります。

　浮き輪などにより初めから水上に浮かべておいて遠隔点火したり，陸から水上に斜めに打ち込むなどの方法をとることもあります。

アソーテッド
(スペインの水中マイン)
陸上から打ち込む最新の水中マイン。発射されてから約1分後,「スペインカラー」と呼ばれるビビッドな発色を示すのが特徴

◆ナイアガラ

　「銀滝」とも呼ばれます。人差し指程度の大きさの紙筒に火薬を詰めた「ランス」という部品を多数くくりつけロープの両サイドを吊って，ナイアガラの滝のように見せるものです。中心を高くして吊ったものは「富士仕掛け」，「山仕掛け」などと呼びます。

◆空中ナイアガラ

　火足の長い銀冠菊を連続で打ち上げ，銀滝を使用したナイアガラのように見せる演出。近年ブームになっている。安全が確保できる花火大会では，最後を飾る花形になっています。

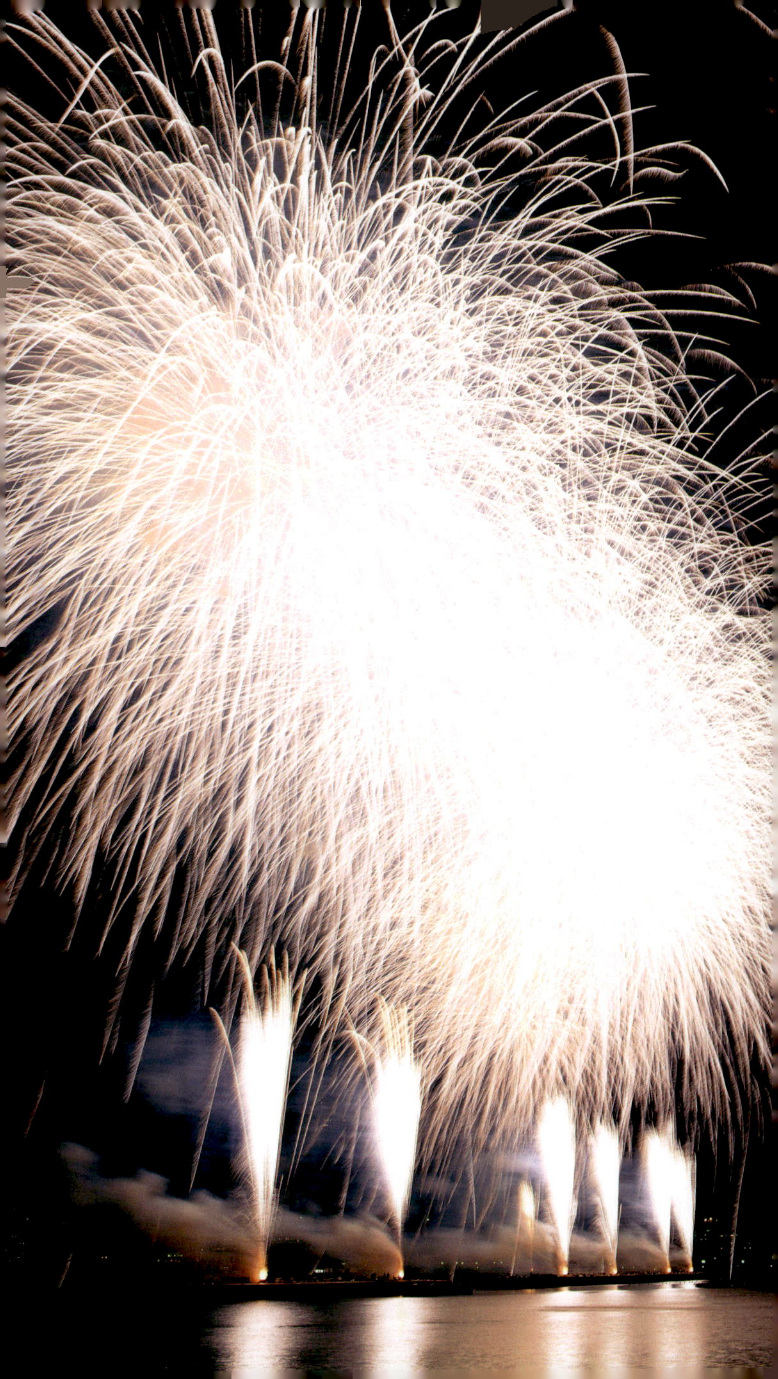